Über den

Wirkungsgrad und die praktische Bedeutung

der

gebräuchlichsten Lichtquellen.

Von

W. WEDDING,

Professor an der Technischen Hochschule Berlin.

Mit 33 eingedruckten Textabbildungen.

Sonderabdruck aus dem Journal für Gasbeleuchtung und Wasserversorgung.

München und Berlin.
Druck und Verlag von R. Oldenbourg.
1905.